疯狂的十万个为什么系列

小笨熊

这就是数理化 6

崔钟雷 主编

物理：热与能量

黑龙江美术出版社

杨牧之 国务院批准立项 国家重大出版工程《中国大百科全书》总主编

1966年毕业于北京大学中文系，中华书局编审。曾经参与创办并主持《文史知识》（月刊）。1987年后任国家新闻出版总署图书司司长、副署长。第十届全国人大代表、教科文卫委员会委员。现任《中国大百科全书》总主编、《大中华文库》总编辑、《中国出版史研究》主编。

崔钟雷主编的"疯狂十万个为什么"系列丛书、百科全书系列丛书，是用中国价值观、中国人喜闻乐见的形式，打造的送给孩子们的名家彩绘版科普读物。我祝贺它们的出版。

杨牧之
2018.1.9
北京

崔钟雷主编的"疯狂十万个为什么"系列丛书、百科全书系列丛书，是用中国价值观、中国人喜闻乐见的形式，打造的送给孩子们的名家彩绘版科普读物。我祝贺它们的出版。

杨牧之
2018.1.9
北京

目录

能量是怎样被留住的呢？

能量

能源是能够提供能量的资源。这里的能量通常指热能、电能、光能、机械能、化学能等。

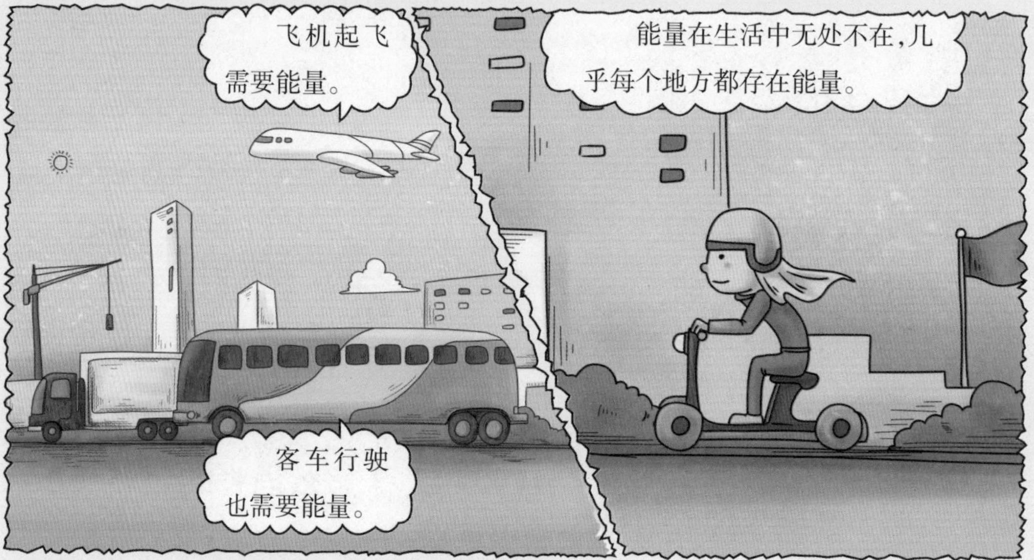
飞机起飞需要能量。
客车行驶也需要能量。
能量在生活中无处不在，几乎每个地方都存在能量。

除了核能之外，生活中常见的能量还有风能、水能、太阳能等。

核能是通过核反应从原子核释放的能量，如重核裂变和轻核聚变时所释放的巨大能量。

中子
原子核
原子弹或核能发电厂的能量来源是核裂变。

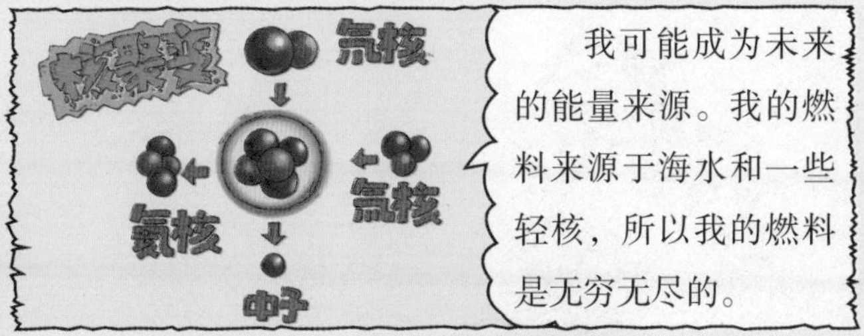
核聚变
氘核
氚核
氦核
中子
我可能成为未来的能量来源。我的燃料来源于海水和一些轻核，所以我的燃料是无穷无尽的。

核电站
我们大都是利用核裂变反应而发电。

聪明的小笨熊说

太阳能是可再生能源。风能是太阳能的一种转化形式，储量大、分布广，在一定的技术条件下，可作为一种重要的能源得到开发利用。

现在的核能还可以运用于我们的手表中。

好神奇！

手表中发出的光来自衰变的放射性氢原子。
哇,好厉害!
那是什么?
那是收集太阳热能的太阳灶,不仅可以煮饭烧水,还可以让机器转动起来呢!
多亏了太阳灶,我们才可以享受美味的午餐。

太阳灶是一种利用太阳能辐射,通过聚光等形式获取热量,对食物进行加热的装置。它不需要任何燃料,没有任何污染,方便快捷,简单易制。

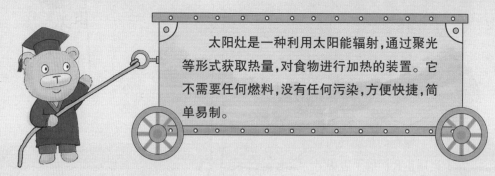

我也可以收集太阳能，这样我不就能健步如飞了吗？
太阳能还有很多用途呢。
太阳能
太阳能是太阳的热辐射能，主要表现就是常说的太阳光线，平时人们用来发电和维持热水器运转。
太阳灶受天气影响较大，阴天下雨不能用。
我是可再生能源，在自然界可以循环再生。
不可再生能源是在自然界中经过亿万年形成，短期内无法恢复且随着大规模开发利用，储量越来越少，终将枯竭的能源。
我们是不可再生能源。除了我以外，原油、天然气、油页岩等也都是不可再生能源。
煤

内能
就是热量吗？

内能

内能是物体或系统内部一切微观粒子的一切运动形式所具有的能量总和。

你是谁？你让我们的家园变得如此破败不堪！
内能
我看似暴躁，但其实我有一颗进取而善良的心。
妈妈，我害怕！

当物体内能增大的时候，它的温度会随之升高，同理，物体的温度越高，分子运动速度越快，内能就越大。
内能增大
内能

疯狂的小笨熊说
物体吸收热量，当温度升高时，物体内能增大；物体放出热量，当温度降低时，物体内能减小。

我们平时做饭的时候，就是依靠内能的转移来加热物体，才能吃到香喷喷的米饭。
我可以利用燃料燃烧时所产生的内能来推动活塞运动，将内能转化为机械能，实现利用内能做功。
经常有人将我和热量弄混。
内能
我是热量，我和内能是完全不同的两个人。

你知道吗!

改变物体内能的方法包括做功和热传递，这两种方法对改变物体的内能是等效的。物体对外做功，物体的内能减小；外界对物体做功，物体的内能增大。

物体内能增大不一定吸收热量，有可能是外界对物体做了功。
针锋相对
但物体吸收热量，内能一定增大。
热量的实质是内能的转移过程。物体放出或吸收的热量越多，内能改变越大。
热量是物体通过热传递的方式所改变的内能。
内能
你知道怎么改变物体的内能吗？
我不知道。

把你手里的汉堡给我。
给你。
汉堡真好吃！
这样改变汉堡的内能了吗？
不，这样改变了我的内能！
可恶！

动能和势能之间可以相互转化吗？

机械能

我们把动能、重力势能和弹性势能统称为“机械能”。

我分为重力势能和弹性势能。
势能
我是物体由于被举高而具有的能。
重力势能
弹性势能
我是物体由于发生弹性形变而具有的能。
我是物体由于运动而具有的能。
动能

我是动能和势能的统称。
机械能

虽然动能和势能是两种不同的“能”，但它们能够合作组成机械能，因而两个“能”之间是可以相互转化的。

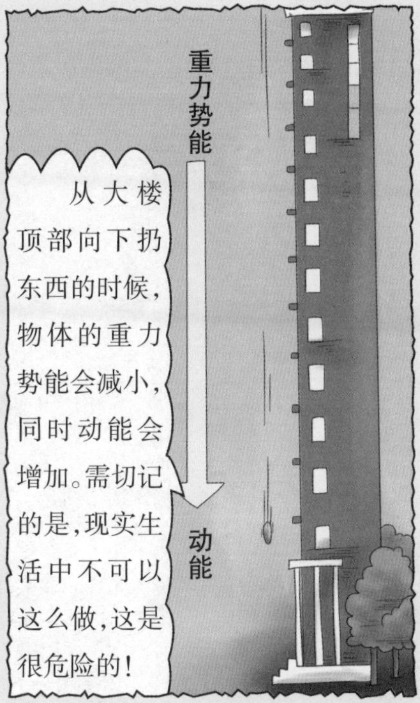
重力势能
从大楼顶部向下扔东西的时候，物体的重力势能会减小，同时动能会增加。需切记的是，现实生活中不可以这么做，这是很危险的！
动能

我们平常见到的弹簧，当它被压缩的时候，动能就转化为弹性势能。
动能
弹性势能

当弹簧变为原形的时候，弹性势能就会转化为动能，听起来是不是很神奇！
动能
弹性势能

动能和势能也是会变的。

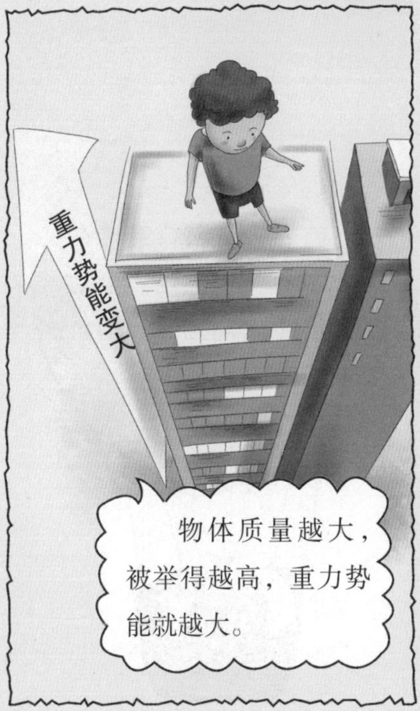
重力势能变大
物体质量越大，被举得越高，重力势能就越大。

动能变大
物体运动的速度越快，质量越大，动能就会越大。

物体的弹性形变越大，它的弹性势能就越大。
弹性势能变大

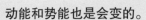

能量是怎样产生热的？

汽

热机

热机是指各种利用内能做功的机械，是将燃料的化学能转化成内能，再转化成机械能的一类机器。

我是将燃料燃烧时释放的内能转化为机械能的机器，分为内燃机和外燃机。
热机
你是我的一种！

我是汽油机。
汽
我是柴油机。
柴

内燃机是燃料直接在发动机气缸内燃烧产生动力的热机。柴油机和汽油机都属于内燃机。

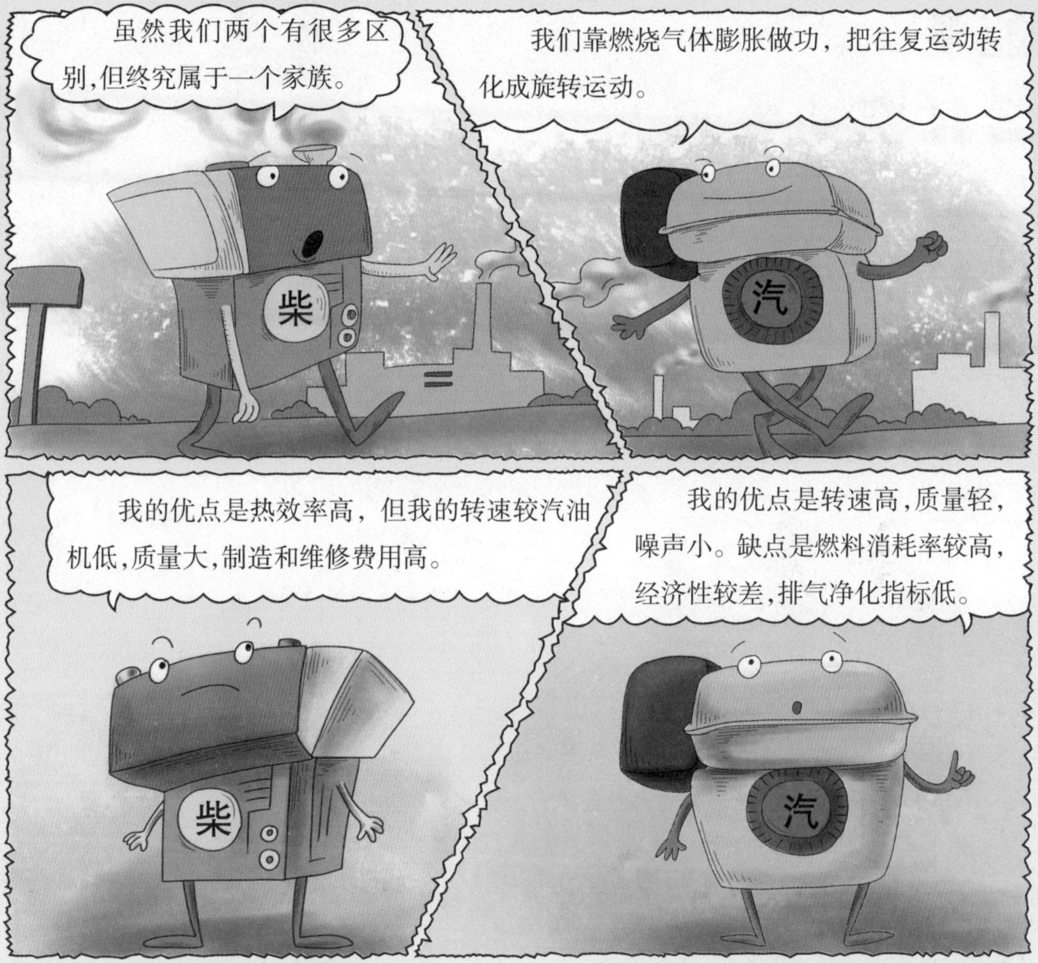
虽然我们两个有很多区别,但终究属于一个家族。
柴
我们靠燃烧气体膨胀做功，把往复运动转化成旋转运动。
汽
我的优点是热效率高，但我的转速较汽油机低,质量大,制造和维修费用高。
柴
我的优点是转速高,质量轻,噪声小。缺点是燃料消耗率较高,经济性较差,排气净化指标低。
汽

热机的冲程有四个,分别是吸气冲程、压缩冲程、做功冲程、排气冲程。

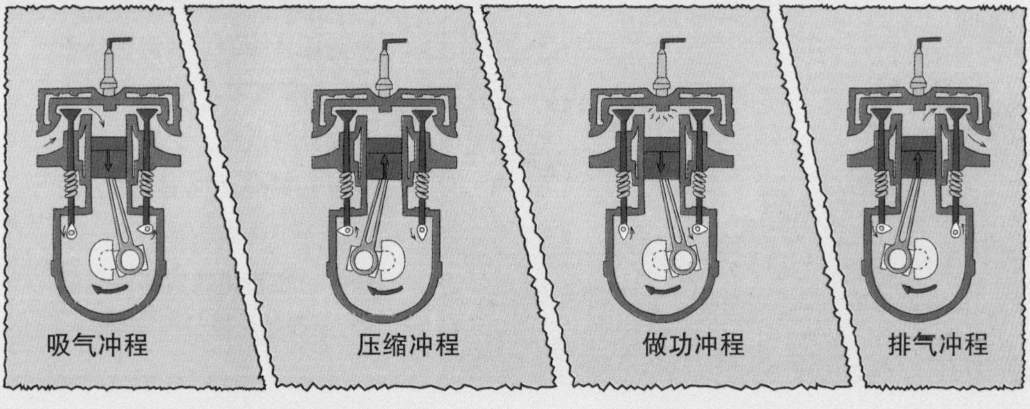
吸气冲程
压缩冲程
做功冲程
排气冲程

能量
会凭空消失吗？

能量守恒

一个系统的总能量的改变只能等于传入或者传出该系统的能量的多少。

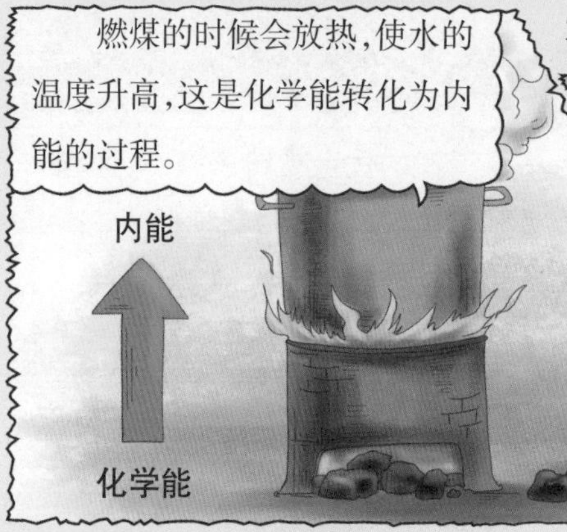
燃煤的时候会放热，使水的温度升高，这是化学能转化为内能的过程。
内能
化学能

大自然中也存在能量的转化。

深海水母把化学能转化成了光能，所以它能在黑暗中发光。

我们能把化学能转化成光能。能量的利用方式因为物种的不同而不同。

疯狂的小笨熊说

能量守恒定律指的是一个封闭系统的总能量保持不变。能量既不会凭空产生，也不会凭空消失，它只能从一种形式转化为其他形式，或者从一个物体转移到另一个物体，在转化或转移的过程中，能量的总量保持不变。

我们都能够无条件转化为内能，这是我们每种能量的特性。
其他能量
无条件转化
内能
内能真是一个傲慢的孩子！看来，要让内能自觉地转化为其他形式的能量是很难的。
内
内能
很难转化
其他能量
哼，我才不要无条件地转化为其他能量呢！
你知道能量是守恒的吗？
如果我把一个苹果吃掉的话，它的能量不是没有了吗？怎么是守恒的呢？
当然不是，你吃掉一个苹果，它的能量就转化为你的能量了，能量是不会凭空消失的。
原来是这样。
我现在就去找个苹果试一下。

热是怎么获得，又是怎么消失的？

热的利用

人体的热能来源于每天所吃的食物，但食物中不是所有营养素都能产生热能的，只有碳水化合物、脂肪、蛋白质这三大营养素会产生热能。

你是谁?
我是最熟悉你的人！外面天气真好，咱们去晒晒太阳吧！
快说！你是谁?
我与你一直相伴，在你的生命中占有很重要的位置。

想知道我是谁，就跟我来，我带你去见识一些东西！
疯狂的小笨熊说
我们从事一切活动，以及人体维持正常体温、各种生理活动，都要消耗能量。
我是你们生活中必不可少的。你们在吃饭、运动、消化、睡觉的时候，我都会参与其中。
吃饭
运动
消化
睡觉

我就是与你们日常生活息息相关的“热”。
热量供人体维持正常的生命活动。
你们吃到的可口饭菜，就是人们通过我来完成的。
吃饱后，身体有满满的能量。

冬天天气寒冷，我可以让屋子变得暖和。

疯狂的小笨熊说

热能是一种能源，是物质燃烧或物体内部分子不规则运动时放出的能量。电灯、电脑等家用电器都需要用电能来提供动力，而热能可以用来驱动大型设备发电。

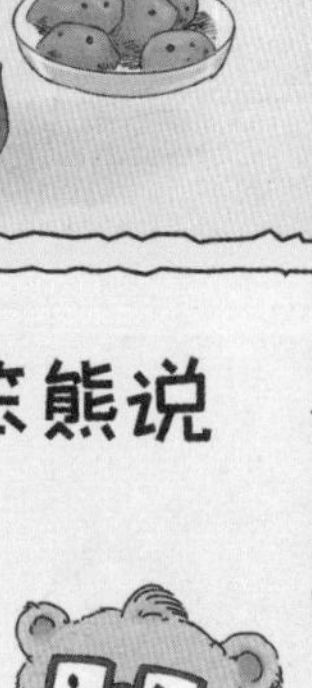

别看铁那么坚硬，只要我将温度提升到 1 538 摄氏度就能熔化它。
在工厂中，人们用我完成金属的折弯和成型。
看到天上的飞机了吗？
还有行驶的汽车。
热能可以给我们内部的发动机提供动力,通过燃料燃烧产生能量。
此时的你应该已经相信我说的话了，你的一生都在与我相伴。

最早的温度计

最早的温度计是由意大利的科学家伽利略发明的。它的外形是一根敞口的玻璃管,玻璃管的另一端带有核桃大的玻璃泡儿。使用时先给玻璃泡儿加热,然后把玻璃管插入水中。随着温度的变化,玻璃管中的水面就会上下移动,根据温度在玻璃管上刻度之间的变化判定温度的变化和高低。

▲伽利略发明了温度计。

羽绒服为何轻便又保暖?

羽绒拥有立体枝状结构,其绒朵呈朵状,是由绒核及绒核中放射出的许多微细而纤长的羽丝组成的。羽丝由成千上万个微小的中空结构鳞片叠加而成,里面含有大量的空气,由于空气的热传导系数很低,从而形成了阻碍冷热空气流动的天然屏障。

▲服装是人们保暖的重要工具。

探索发现

水力发电中的机械能守恒定律

人们通常可通过火力、水力、风力等各种形式来发电，但你知道水资源发电是如何进行的吗？机械能守恒定律在水力发电中又是怎么体现的呢？

水力发电是利用河川、湖泊等位于高处具有势能的水流至低处，将其中所含的势能转换为水轮机的动能。根据机械能守恒定律，在水力发电中，水位差越大，则水轮机所得动能越大，发出的电能越高。

水能作为清洁可再生能源，将为社会的可持续发展提供新的动力。在科技的不断进步下，我国电力发展会有更加广阔的天地。

▲ 水力发电。

图书在版编目(CIP)数据

小笨熊这就是数理化. 这就是数理化. 6 / 崔钟雷主编. -- 哈尔滨：黑龙江美术出版社，2021.4
(疯狂的十万个为什么系列)
ISBN 978-7-5593-7259-8

Ⅰ. ①小… Ⅱ. ①崔… Ⅲ. ①数学 - 儿童读物②物理学 - 儿童读物③化学 - 儿童读物 Ⅳ. ①O-49

中国版本图书馆 CIP 数据核字(2021)第 058177 号

书　　名 / 疯狂的十万个为什么系列
FENGKUANG DE SHI WAN GE WEISHENME XILIE
小笨熊这就是数理化 这就是数理化 6
XIAOBENXIONG ZHE JIUSHI SHU-LI-HUA
ZHE JIUSHI SHU-LI-HUA 6

出 品 人 / 于　丹
主　　编 / 崔钟雷
策　　划 / 钟　雷
副 主 编 / 姜丽婷　贺　蕾
责任编辑 / 郭志芹
责任校对 / 徐　研
插　　画 / 李　杰
装帧设计 / 稻草人工作室
出版发行 / 黑龙江美术出版社
地　　址 / 哈尔滨市道里区安定街 225 号
邮政编码 / 150016
发行电话 / (0451)55174988
经　　销 / 全国新华书店
印　　刷 / 临沂同方印刷有限公司
开　　本 / 787mm × 1092mm　1/32
印　　张 / 9
字　　数 / 300 千字
版　　次 / 2021 年 4 月第 1 版
印　　次 / 2021 年 4 月第 1 次印刷
书　　号 / ISBN 978-7-5593-7259-8
定　　价 / 240.00 元(全十二册)